Matthias Scherer

Von der naturphilosophischen zur hellenistischen Mechanik: Vergleich und Entwicklung der Methodik und Lehre innerhalb der antiken Mechanik

GRIN Verlag

Bibliografische Information der Deutschen Nationalbibliothek:

Die Deutsche Bibliothek verzeichnet diese Publikation in der Deutschen Nationalbibliografie; detaillierte bibliografische Daten sind im Internet über http://dnb.d-nb.de/ abrufbar.

Impressum:

Druck und Bindung: Books on Demand GmbH, Norderstedt Germany
ISBN: 978-3-656-15927-8

Dieses Buch bei GRIN:

http://www.grin.com/de/e-book/190993/von-der-naturphilosophischen-zur-hellenistischen-mechanik-vergleich-und

Universität Karlsruhe
VL: Geschichte der Technikphilosophie und der Technik
Sommersemester 2010
vorgelegt am: 09.03.2012

Von der naturphilosophischen zur hellenistischen Mechanik: Vergleich und Entwicklung der Methodik und Lehre innerhalb der antiken Mechanik

vorgelegt von: Matthias Scherer

Inhalt

Der Begriff der Mechanik kann in zwei Bereiche unterteilt werden: in die praktische und theoretische Mechanik.[1] Schon die ägyptischen und babylonischen Hochkulturen verstanden es, „einfache Maschinen“ wie den Hebel für zahlreiche Bauwerke und zudem für agrarische Zwecke zu nutzen[2]. Jedoch konnten diese Hochkulturen die eingesetzten Gerätschaften und deren Wirkungsweise nicht durch mechanisch-physikalische Grundsätze erläutern. Ausgehend von dem praktischen Anwendungswissen über jene Gerätschaften, welche in zahlreichen Abwandlungen sowohl im Bauwesen als auch in der Landwirtschaft zum Einsatz kamen, sollte nun eine Theorie der Mechanik erschaffen werden.

Zur Themeneingrenzung

In dieser Arbeit soll vor allem die methodische Entwicklung der Mechanik der Antike betrachtet und erörtert werden. Von der *aristotelischen* Naturphilosophie ausgehend wird zunächst die Entwicklung einer methodischen Mechanik und deren Etablierung als eigenständige Disziplin innerhalb der Philosophie betrachtet. Nach einigen Erläuterungen zur aristotelischen Mechanik und deren Prinzipien - sowie deren Ursprung - soll der Fokus sodann auf die axiomatisch-deduktive Methodik des *Archimedes von Syrakus* gelegt werden. Ausgehend von der exakten Beschreibung mechanischer Instrumente und Prozesse, sollen weitere hellenistische Autoren wie *Heron von Alexandria* und *Philon von Byzanz* sowie der synchron einhergehende Anstieg von mechanisch-technischen Traktaten jenes Zeitalters betrachtet werden. Auch das Verhältnis der Technik zur Medizin soll anhand einiger Textstellen (u.a. aus dem *Corpus Hippokraticum* des *Hippokrates von Kos)* dargelegt werden.

„Mechanische Probleme“ und einfache Maschinen

Einfache Werkzeuge wie Hebel, Keil und Winde fanden zwar schon bei früheren Hochkulturen wie den Ägyptern und Babyloniern praktische Anwendung, jedoch gab es noch keinerlei allgemeingültige wissenschaftliche Erklärungen für mechanische Gesetzmäßigkeiten.[3] Mit den *Mechanischen Problemen* existiert nun eine Schrift des Aristoteles, welche sich in intensiver Auseinandersetzung um die Klärung einiger – teils

1 Fierz, Markus: Vorlesungen zur Entwicklungsgeschichte der Mechanik, Berlin, 1972; 6
2 Neuburger, Albert: Technik im Altertum, Leipzig, 1919; 206
3 Ebd., 206

ungelöster - Frage-und Problemstellungen der Mechanik und deren Methodik bemüht. Aus dem Ungleichgewicht zwischen Mensch und Natur und der damit einhergehenden Diskrepanz ergibt sich die Notwendigkeit eines „technischen Handelns", also der Anwendung der *techné*.[4] Die *méchané* ist in aristotelischer Sichtweise als Teilgebiet der *techné* zu betrachten und ermöglicht somit eine Durchsetzung menschlicher Interessen entgegen der Natur.[5] Jene Hilfsmittel erlauben dem Menschen die teilweise Beherrschung seiner Umgebung: „Durch techné beherrschen wir das, dem wir von Natur aus unterlegen sind."[6] Maschinen sollten es daher ermöglichen, schwere Lasten bzw. Kräfte durch die Anwendung der mechanischen Gesetzmäßigkeiten in Bewegung zu versetzen. Ein zentraler Stellenwert wird daher der Kraftersparnis durch Maschinen beigemessen, welche „mit geringer Kraft große Gewichte bewegen".[7] *Aristoteles* (384 – 322 v. Chr.) führt die Hebelwirkung jedoch auf eine Kreisbewegung zurück[8], welche er dann auf das Prinzip der Waage überträgt[9]. Die Merkmale des Waagebalkens werden sodann auf den Hebel übertragen: Der Hebel vollzieht dem nach eine Kreisbewegung. Durch eine funktionelle Gleichsetzung des Mittelpunktes der Waage (d.h. jenem Punkt, an dem ein Waagebalken durch ein Seil befestigt ist) mit dem Drehpunkt des Hebels, kann *Aristoteles* nun in Analogie zum Waagebalken ein Hebelprinzip definieren. Demnach erklären bei Hebel und Waage zwei Gewichte – das bewegende sowie das unbewegte Gewicht – die Funktionsweise beider mechanischer Prinzipien. Aristoteles Hebelprinzip lautet demnach:

„Das Verhältnis des bewegten Gewichtes zu dem bewegenden Gewicht ist umgekehrt proportional zu dem Verhältnis der einen Länge zu der anderen Länge."[10]

Von der Kreisbewegung ausgehend, wobei die Kraft umso größer erscheint, je weiter diese vom Kreismittelpunkt entfernt ist, wendet Aristoteles jenes Prinzip deduktiv auch auf weitere mechanische Instrumente und Prinzipien an.[11] Die Kreisbewegung muss daher als ein zentrales Theorem der aristotelischen Mechanik betrachtet werden. Zur Erfassung der mechanischen Theoreme des Aristoteles gebührt daher vor allem auch der Geometrie eine zentrale Beachtung. Denn mit dieser Disziplin kann man nach *Aristoteles* sämtliche mechanische Grundsätze definieren und beweisen. Daraus ergibt sich eine für *Aristoteles* typische syllogistische Schlussfolgerung: Die mechanischen Instrumente sowie deren

4 Schneider, Helmuth: Prophyläen der Technikgeschichte (Bd. 1), Berlin, 1997; 182 f
5 Schneider, Helmuth: Das Griechische Technikverständnis, Darmstadt, 1989; 237
6 Schneider (Proph.), 184
7 Ebd, 194
8 Neuburger 206
9 Schneider (Proph.), 185
10 Ebd, 185
11 Poselger, F.T.; Aristoteles: Mechanische Probleme, Wien, 1881; 848b 3-4

Ursachen und Prinzipien können „durch eine Ableitung von mathematischen Gesetzmäßigkeiten erklärt werden.“[12] Die Kreisbewegung bzw. das aristotelische Hebelprinzip fungiert daher als das „Urprinzip“, von dem ausgehend Aristoteles systematisch weite Bereiche der Mechanik herleiten möchte.[13] Durch die Reduzierung der mechanischen Prinzipien und deren Ursachen auf die geometrisch erörterte Kreisbewegung[14] werden ohne Ausnahme alle mechanischen Instrumente sowie deren Wirkungsprinzipien von dem aristotelischen Hebelprinzip abgeleitet. So fungiert unter anderem auch das Segel eines Schiffes als Hebel: Durch eine weitere Entfernung des Segels zu der Mastverankerung (jener wird als Drehpunkt gedeutet[15]) kann die auf das Segel einwirkende Kraft effektiver genutzt werden.[16] Nach *Aristoteles* steht auch die Rolle beziehungsweise der Flaschenzug unter der Wirkung des Hebelprinzips: Der Drehpunkt befindet sich nun im Mittelpunkt der lastragenden Rolle(n), die Durchmesser der Rolle(n) werden als Hebelarme betrachtet.

Zudem ist die Annahme, dass größere Rollen leichter schwerere Lasten heben können, da sich der Kreismittelpunkt der Rolle in größerer Entfernung zu dem aufgespannten Seil befindet, schlichtweg falsch. Die Größe der Rolle hat keinerlei Einfluss auf die benötigte Kraft zur Lastenhebung, da eine Last durch die senkrechte Aufhängung der Rolle und somit den Einsatz der Kraft leichter gehoben werden kann.[17] Die Bewältigung einer Last durch die Kombination mehrerer Rollen und Übersetzungen hielt Aristoteles für undenkbar; denn die Möglichkeit einer Kraftaufteilung stellte sich durch sein zuvor aufgestelltes Hebelgesetz nicht. Demnach war es unmöglich, dass beispielsweise ein einzelner Mensch eine schwere Last, wie etwa ein Schiff aus dem Wasser ziehen könnte:

„Wenn sonach zwar [eine Kraft] A in der Zeit D das B über eine Strecke C hinwegführt, dann führt E = A/2, deswegen noch keineswegs B in der Zeit D oder in irgendeinem Teil oder Vielfachen von D über eine Strecke weg, die sich zur Gesamtstrecke C so verhält wie A zu E. […] Denn es müsste ja dann auch ein einziger Mann das Schiff bewegen können, wenn man die Gesamtkraft der Schleppermannschaft auf die Zahl der Mannschaftsmitglieder und auf die Gesamtstrecke, über die hinweg sie im Verein das Schiff gezogen haben, aufteilen dürfte.“[18]

Hier zeigt sich erneut die Schwachstelle der aristotelischen Mechanik: Zwar stehen die Einheiten Kraft, Gewicht, Zeit und Strecke in Relation zueinander, genauere Messdaten

12 Schneider, 250
13 Ebd, 251
14 Schneider, 243
15 Schneider, 245 ff.
16 Poselger, 851a38 - 854b16
17 Schneider, 244
18 Wagner, Hans; Aristoteles: Physikvorlesungen, Berlin, 1989; 536

der Einheiten fehlen jedoch gänzlich. Daher ist eine exakte Untersuchung dieser mechanischen Instrumente und ihrer mechanischen Phänomene nur teilweise möglich.

Russo kommt in dessen Untersuchung von Physik und Mechanik des *Aristoteles* zu dem Schluss, dass dessen epistemisch-theoretische Methodik bzw. „philosophische Spekulationen“[19] durch den Verzicht auf eine praktische Überprüfung der Ergebnisse zu der fälschlichen Verknüpfung von Kreisbewegung und Hebelprinzip führte.[20] *Schneider* betrachtet die *Mechanischen Probleme* aus einem methodischen Blickwinkel: *Aristoteles* behandele die Probleme nur durch epistemisch-theoretische Anwendung der geometrischen Gesetze und habe die Einheiten Kraft, Gewicht und Strecke zwar erfasst, jedoch nur in den jeweiligen Relationen zueinander (d.h. ohne eine Überprüfung durch Messergebnisse).[21] Ein weiteres Problem ist die uneinheitliche Nutzung der Einheit *Kraft*. Da Aristoteles nur auf Relationen der Einheiten zueinander und nicht auf genauere Messergebnisse zurückgreifen kann, verwendet er zur Beschreibung der Kraftstärke nur drei Ausdrücke: schneller, mehr, weniger.

Während *Russo*, *Krafft* und *Neuburger* *Archimedes von Syrakus* einstimmig als methodischen Begründer der Mechanik betrachten, schreibt *Schneider* diesen Verdienst schon der methodischen Konzeption der Mechanik *Aristoteles* zu.[22]

Vom Kosmos zur Mechanik – Natur als „mechanisches“ Vorbild

Aristoteles unterteilt den Kosmos in sieben Sphären: Saturn, Jupiter, Mars, Sonne, Venus, Merkur und Mond. Jeder einzelne Planet dieser Welten ist durch eine starke Ordnung und Gesetzmäßigkeit bestimmt: die konzentrische Kreisbewegung.[23] Nur diese Bewegung ist von reinem göttlichen Ursprung und zeugt daher von ebensolcher Ordnung und Harmonie:

„Es gibt also etwas, das sich immer in unaufhörlicher Bewegung bewegt, diese Bewegung aber ist die Kreisbewegung. Dies ist nicht nur durch den Begriff, sondern durch die Sache selbst deutlich. Also ist der erste Himmel ewig. Also gibt es auch etwas, das bewegt. Da aber dasjenige, was bewegt wird und bewegt, ein Mittleres ist, so muß es auch etwas geben, das ohne bewegt zu werden, selbst bewegt, das ewig und Wesen und Wirklichkeit ist. Auf solche Weise aber bewegt das Erstrebte und das Intelligible; es bewegt, ohne bewegt zu werden. Jenes bewegt wie ein Geliebtes, und durch das Bewegte bewegt es das übrige. Von einem solchen Prinzip also hängen der Himmel und die Natur ab. […]Und Leben wohnt in ihm, denn der Vernunft Wirklichkeit ist Leben, jener aber ist die Wirklichkeit, seine Wirklichkeit an sich ist bestes und

19 Russo, 30
20 Russo, 31-32
21 Schneider, 124
22 Schneider (Proph.), 189
23 Ebd, 178

ewiges Leben. Der Gott, sagen wir, ist das ewige, beste Lebewesen, so daß dem Gott Leben und beständige Ewigkeit zukommen; denn dies ist der Gott."[24]

Diese göttliche Bewegung wirkt nach Aristoteles auch in unserer irdischen Sphäre, der Natur: Auch sie befindet sich in einem ewigen Kreislauf des Werdens und Vergehens. So ist es nicht verwunderlich, dass Aristoteles für die Beschreibung der Bewegungsvorgänge in der Physik und Mechanik auf ebenjenes Prinzip der konzentrischen Kreisbewegung zurückgreift. Denn laut Aristoteles besteht „kein Zweifel, daß die Kreisbewegung der Urtyp aller Bewegungsarten ist.“[25]

Bewegungen werden daher in drei Bereiche unterteilt: Erstens in die Kreisbahnbewegung, zweitens in die geradlinige Bewegung sowie drittens in die Bahnbewegung. Da die Bewegung auf einer Geraden in sich selbst beschränkt und somit endlich ist, steht für Aristoteles fest, dass die Kreisbewegung als abgeschlossene, unendliche Bewegung eine wesentliche Priorität vor allen weiteren Bewegungen zugestanden werden muss.[26] Jene konzentrischen Kreise wirken nach Aristoteles auch auf dem Planeten Erde. Die aufwendige Gleichsetzung der Himmelsmechanik, d.h. der Gesetzmäßigkeiten der Himmelskörperbewegungen, mit der Mechanik einfacher Maschinen ist nur auf den ersten Blick absurd oder gar obskur: Die Anwendung der konzentrischen Kreise auf die Erklärungsversuche der mechanischen Gesetzmäßigkeiten entspricht der methodisch-syllogistischen Vorgehensweise des *Aristoteles*; dessen Mechanik entspricht daher den Grundsätzen seiner naturphilosophischen Weltanschauung.

Eine mathematische Neuerörterung der Mechanik durch Archimedes

Allgemein geläufig in der Rezeption der älteren Technikgeschichte ist jener Satz, mit dem *Archimedes von Syrakus* (287 – 212 v. Chr.) das Hebelprinzip beschreibt: „Gib mir einen Standpunkt außerhalb der Erde, und ich will sie bewegen.“[27] Ob jener Satz nun wirklich von Archimedes stammt, ist bis dato nicht absolut belegbar. Trotzdem ist eben dieser Satz auch Ausdruck der hellenistisch-wissenschaftlichen Methodik des *Archimedes*.[28] Neben einigen Werken – unter anderem *Über Spiralen,* die *Methode, Katroptik* und die *Mechanik* – sind zahlreiche Schriften des *Archimedes* verloren gegangen. Philosophen der Spätantike wie *Heron von Alexandria* (20 – 62 n. Chr.) und *Philon von Byzanz* (ca. 3. - 2. Jh. v. Chr.)

24 Schwarz, Franz; Aristoteles: Metaphysik, Stuttgart, 1981; 1072a
25 Wagner, Hans; Aristoteles, Physikvorlesungen, Berlin, 1989, 261
26 Ebd, 262
27 Neuburger, 207
28 Russo, 80

geben in ihren mechanischen Traktaten zahlreiche mechanische Beschreibungen des *Archimedes von Syrakus* wieder.[29] Im Gegensatz zu der aristotelisch-naturphilosophischen Methodik, zeichnet sich die archimedische Erklärung des Hebelgesetzes durch eine mathematische Erörterung von dessen Wirkungsgraden aus.[30] Die möglichst exakte Anwendung von Messergebnissen ist für die mathematische Erörterung des Hebelwirkungsgrades von großer Bedeutung. Daher bezieht sich Archimedes nicht auf bloße Relationen zwischen den Einheiten Kraft, Gewicht und Strecke; vielmehr erkennt er die Notwendigkeit der von ihm zuvor durch zahlreiche praktische Experimente gesammelten Messergebnisse. Schon bei dem Versuch, den Durchmesser der Sonne mittels der verschiedenen Messergebnisse zu berechnen, erfasste *Archimedes* die Relevanz von möglichst exakt gemessenen Daten.[31] Zugleich erkannte er, dass absolut fehlerfreie Messergebnisse niemals im Bereich des Möglichen liegen und daher nur approximativ Geltung haben dürfen.[32] Das Hebelgesetz konnte nun also aufgestellt werden: Der in einem Drehpunkt befestige Hebel kann mit geringer Kraft eine größere Last bewegen. Somit ergibt sich das Hebelgesetz Kraft mal Kraftarm ist gleich Last mal Lastarm. Durch die Verwendung verschiedener Zahnräder und Übersetzungen[33] bewies Archimedes nun eindrucksvoll, dass auch die von *Aristoteles* als unmöglich postulierte Kraftaufteilung mittels einer mechanischen Apparatur durchführbar ist: Traktaten von *Plutarch* (45 – ca. 125 n. Chr.) und *Proklos* (412 – 485 n. Chr.) ist zu entnehmen, das *Archimedes* beziehungsweise dessen Befehlshaber *König Hieron II. von Syrakus* (je nach Version) der Legende nach mit einer mechanischen Apparatur ein voll beladenes zweimastiges Kriegsschiff an Land gezogen beziehungsweise es wieder in das Hafengewässer befördert haben. Die Methodik des Archimedes zur Beschreibung und Herstellung mechanischer Instrumente unterscheidet sich daher von der philosophisch-spekulativen Herangehensweise: Durch die praktische Untersuchung der verschiedenen mechanischen Phänomena leitet Archimedes einen methodischen Wandel innerhalb der spätantiken Mechanik ein.[34]

---

29 Meißner, Burkhard: Die technologische Fachliteratur der Antike, Berlin, 1999; 163

30 Russo, 86

31 Schürmann, Astrid: Physik/Mechanik: Geschichte der Mathematik und der Naturwissenschaften (Band 3), Stuttgart, 2005, 169

32 Ebd, 167

33 Russo, 30; zt. aus Friedlein, Proklus: In primum Euclidis Elementorum librum commentarii, 1873, Rom; 63 und Plutarch: Vita Marcelli, xiv §8

34 Ebd, 80

Der technische Fortschritt im Zeitalter des Hellenismus

Sowohl im zivilen als auch im militärischen Bereich nahm der Bedarf an technisch-mechanischen Lösungen stetig zu. Mit der Anhäufung mechanisch-technischen Wissens entstand sodann auch eine Abhängigkeit der Monarchie von technischen Lösungen und Spezialisten auf jenem Fachgebiet.[35]

So verhinderte im hellenistischen Zeitalter *Ptomlemaios II.* seinem Rivalen *Philadelphos* einen Export von Papyrus aus Ägypten an die Bibliothek in Pergamon, um deren Machteinfluss zu dezimieren. Die sogenannte „Papierschlacht" ist daher auch Ausdruck einer Betrachtung wissenschaftlicher Erkenntnis als politisch-relevanter Machtfaktor.[36] Stagnation des Wissens in der *ars mechanica* konnte sich folglich kein Monarch erlauben. Spezialisten vermittelten in ihren Traktaten aus diesem Grund auch einen Überblick des bisherigen und aktuellen mechanisch-technischen Wissens.[37] Der mechanische Fachspezialist fungierte durch die Beurteilung von mechanischer Fachliteratur bezüglich deren praktischen Nutzen somit auch als eine Art „Fachliteraturkritiker".[38] Neben dem Monarchen, welcher letztendlich über die Umsetzung der vom Fachspezialisten empfohlenen Verfahren entschied, waren vor allem die einfachen Handwerker (*banausos*) auf exakte Angaben der Maßeinheiten und auf die ebenso exakte Herstellungsverfahrensbeschreibung zur Fertigung mechanischer Geräte angewiesen: So gab König *Attalos I.* seinem *mechanikos Biton* den Auftrag der Beschreibung und Herstellung einer Steinschleuder, welche in Serienproduktion angefertigt werden sollte.[39] Neben einer Beschreibung der bei der Herstellung dieses kriegstechnischen Geräts relevanten Maße und Proportionen erhielten die ausübenden Handwerker auch Vorgaben zur Materialwahl, sowie ein in klar verständlichen Schritten vorgegebenes Herstellungsverfahren.[40] In Ausnahmefällen agierte der Spezialist auch direkt am Herstellungsort als eine Art antiker „Bauleiter" und konnte somit praktische Herstellungserfahrungen in künftige mechanische Traktate einbringen. Ob nun die praktische Teilnahme am mechanischen Herstellungsprozess gar mit einer Überwindung des seit jeher praktizierten *mechané-banausos* Dualismus gleichgesetzt werden kann

35 Meißner, 161
36 Russo, 285
37 Ebd. 162
38 Ebd. 164
39 Mardsen, E.W.: Greek and Roman Artillery: Technical Treaties, Oxford, 1971; 76:
40 Ebd, 77-78

bleibt dahingestellt.[41]Auch für zivil-technische Zwecke konnten sich die Spezialisten der *ars mechanica* direkt an ihre Herrscher richten.

Analogien in Medizin und Technik

Mit der Begründung der ersten empirisch-medizinischen Schule durch *Hippokrates von Kos* (460 – 370 v. Chr.) verbannte man bereits im 5. Jahrhundert vor Christus religiöse und mystische Lehren innerhalb der Schule der Medizin.[42] Ähnlich wie in der Disziplin der Mechanik praktizierte ein ausübender Arzt als „medizinischer Handwerker" ohne Rückgriff auf religiöse bzw. mystische Lehren.[43] Es ist daher nicht verwunderlich, dass Gelehrte der Medizin „interdisziplinär" auf mechanische Lehren zurückgriffen und teilweise die Fortentwicklung mechanischer Apparaturen für eigene medizintechnische Zwecke entwickelten bzw. fortentwickelten. So beauftrage ein Schüler des *Hirophilos* (325 – 280 v. Chr.) den Bau einer mechanische Schraubenpresse zum Wiedereinrenken von Gelenken.[44] Innerhalb des *Corpus Hippocraticum* findet sich eine solche technische Entwicklung: Die „hippokratische Streckbank" ist durch eine „inverse vertikale Extension in der Lage, ausgerenkte Gliedmaßen wieder einzurenken."[45] *Appolonius von Kiton* legte im 1. Jahrhundert vor Christus den Ärzten im städtischen Raum die Anschaffung eben jener Streckbank (wohl auch aus ökonomischen Gesichtspunkten) nahe.[46] Auch eine Herstellungsanleitung einer Apparatur speziell zum Einrenken der Schulter ist im besagten *Corpus Hippocraticum* detailreich beschrieben:

> We must get a piece of wood, five, or at least four inches broad, two inches in thickness, or still thinner, and two cubits in length, or a little less; and its extremity at one end should be rounded, and made very narrow and very slender there, and it should have a slightly projecting edge (ambe) on its round extremity, not on the part that is to be applied to the side, but to the head of the humerus, so that it may be adjusted in the armpit at the sides under the head of the humerus; and a piece of soft shawl or cloth should be glued to the end of the piece of wood, so as to give the less pain upon pressure. […][47]

---

41 Vgl. Meißner, 162; Russo, 284; McNicoll, Antony W.: Hellenistic fortifications from the Aegean to the Euphrates, Oxford, 1997; 118-120

42 Meißner, 165

43 Ackerknecht, Erwin H.: Geschichte der Medizin, Stuttgart, 1992; 37

44 Meißner, 166

45 Eulenburg, A.: Real-Encyclopädie der gesamten Heilkunde, Berlin, 1900; 125

46 Meißner, 116

47 Adams, Francis; Hippokrates: Corpus Hippokraticum: On the Articulations, Adelaide, 2007; 7

Neben der Angabe exakter Maßeinheiten zum Bau der Apparatur, enthält die Beschreibung auch chronologisch klar strukturierte Anweisungen. Weiterhin thematisiert die Schrift die Wirkungsweise und die Anwendungsgebiete innerhalb der Medizintechnik des Hebelprinzips:

[...]This is by far the most powerful method of effecting reduction of the shoulder; for one thus operates with the lever upon the most correct principles, provided only the piece of wood be placed as much as possible within the head of the humerus, and thus also the counter-balancing weights will be most properly adjusted, and safely applied to the bone of the arm.[48]

Nicht an einen geschlossenen Expertenkreis der Wissenschaften wird jene Schrift adressiert: Vielmehr sind praktizierende *banausos* angesprochen, denen die Technik im Sinne des *hippokratischen Eids* zur Genesung des Menschen helfen soll.[49] Daher wird schon in der Antike die *techné* als Grundgerüst betrachtet, welche für die Lebenserhaltung des Menschen unabdingbar zu betrachten ist betrachten ist.[50] Im 3. Jahrhundert vor Christus war es *Hirophilos* , der wohl angeregt von den Disziplinen der Mechanik und Pneumatik Fachbegriffe eben jener für anatomische Vorgänge gebrauchte.[51] Bemerkenswert ist die Tendenz einiger Wissenschaftler der Antike, körperliche Vorgänge des Menschen mit technisch-mechanischen Vorgängen zu vergleichen: So beschrieb *Athenaios von Attaleia* bereits im 1. Jahrhundert vor Christus die Funktionsweise der menschlichen Lunge des menschlichen Körpers im Sinne der pneumatischen Lehren.[52] Somit zeigt sich auch in den Analogien der Medizin und der Technik erneut ein Bewusstsein über die universelle Bedeutung und Anwendung von Technik in den unterschiedlichsten Disziplinen.

Schlussbetrachtung

Sowohl *Aristoteles* als auch *Archimedes* wandten sich in ihren technisch-mechanischen Traktaten ausschließlich an ihre herrschenden Monarchen sowie einen ausgewählten Philosophenkreis. Während Aristoteles in Anlehnung an seine „Himmelsmechanik“ in der Disziplin der Mechanik gänzlich auf die Erläuterung mechanischer Gesetze durch die Kreisbahnbewegung zurückgreift, begründet er eine erste Methodik der Mechanik. Die axiomatisch-deduktive Methodik des *Archimedes* kann als Geburtsstunde der exakten

48 Ebd, 7
49 Ackerknecht, 35
50 Schneider, 269
51 Ebd, 166
52 Eckart, Wolfgang U.: Geschichte der Medizin, Heidelberg, 2009; 39

„(Natur-)Wissenschaften" gedeutet werden.[53] Die archimedische Betrachtungsweise von mechanischen Instrumenten und deren exakte Beschreibung sind damit auch als Beginn einer angewandten Mechanik zu werten, welche auch praktisch erfahrenes Wissen mit in eine *theoria mechané* einschließt. Die Nachfolger des Archimedes im hellenistischen Zeitalter verstanden es, dessen mechanisch-technisches Grundgerüst durch die konsequente Weiterführung des mechanisch-technischen Wissens zu erweitern. Die rapide Zunahme von Schriften über die Mechanik im hellenistischen Zeitalter ist nicht nur auf die Anwendung von Kriegsgerätschaften für militärische Zwecke zurückzuführen, sondern auch durch die konsequente Sammlung und somit eine systematische Beurteilung der verschiedenen Autoren in der Disziplin der Mechanik zu erklären. Durch ein Zusammenwirken mechanischer Fachspezialisten mit den einfachen *banausos* rückte zudem die Notwendigkeit einer praktischen Umsetzbarkeit von mechanischen Beschreibungen in den Vordergrund. Durch einen anhaltenden technisch-mechanischen Fortschritt wurden ferner einige zivil-technische Traktate (unter anderem im Bereich des Städte- und Wasserbaus sowie für die Herstellung medizinischer Gerätschaften) verfasst.

Das von *banausos* ausgeführte Handwerk der Medizin hatte wie die Technik eine zentrale lebenserhaltende Aufgabe. Speziell in der Technikentwicklung der Medizin ist die „interdisziplinäre" Zusammenarbeit mit Mechanikern aus dem Bau- und Landwirtschaftsmaschinenbau. Eine Schraubenpresse, welche im antiken landwirtschaftlichen Bereich zum Auspressen der Weinlese diente, konnte durch wenige Veränderungen in eine medizinische Apparatur zum Einrenken von Gliedmaßen (wie oben bereits beschrieben) umgewandelt werden.[54] Bemerkenswert ist zudem, dass jene Einzelgebiete der Mechanik (u.a. Statik, Kinematik und Kinetik) bereits von antiken Gelehrten etabliert wurde. Diese Einteilung der Mechanik findet sich noch heute in den zahlreichen Fachbüchern zur Mechanik.[55]

53 Russo, 32

54 Eulenburg, 123

55 Vgl. Balke, Herbert: Einführung in die technische Mechanik, Heidelberg, 2005; Mahnken, Rolf: Technische Mechanik, Heidelberg 2010

Literatur:

Ackerknecht, Erwin H.: Geschichte der Medizin, Stuttgart, 1992

Adams, Francis; Hippokrates: Corpus Hippokraticum: On the Articulations, Adelaide, 2007

Eckart, Wolfgang U.: Geschichte der Medizin, Heidelberg, 2009

Eulenburg, A.: Real-Encyclopädie der gesamten Heilkunde, Berlin, 1900

Fierz, Markus: Vorlesungen zur Entwicklungsgeschichte der Mechanik, Berlin, 1972

Mardsen, E.W.: Greek and Roman Artillery: Technical Treaties, Oxford, 1971

McNicoll, Antony W.: Hellenistic fortifications from the Aegean to the Euphrates, Oxford, 1997

Meißner, Burkhard: Die technologische Fachliteratur der Antike, Berlin, 1999

Neuburger, Albert: Technik im Altertum, Leipzig, 1919

Poselger, F.T.; Aristoteles: Mechanische Probleme, Wien, 1881

Russo, Lucio: Die vergessene Revolution, Berlin, 2005

Schneider, Helmuth: Prophyläen der Technikgeschichte (Bd. 1), Berlin, 1997

Schneider, Helmuth: Das Griechische Technikverständnis, Darmstadt, 1989

Schürmann, Astrid: Physik/Mechanik: Geschichte der Mathematik und der Naturwissenschaften (Bd. 3), Stuttgart, 2005

Schwarz, Franz; Aristoteles: Metaphysik, Stuttgart, 1981

Wagner, Hans; Aristoteles, Physikvorlesungen, Berlin, 1989

Wagner, Hans; Aristoteles, Physikvorlesungen, Berlin, 1989